Magnete sind kein Spielzeug!

Stellen Sie sicher, dass die Magnete nicht in die Hände von Kindern gelangen.

Tragen Sie bei der Handhabung von größeren Magneten dicke Schutzhandschuhe.

Magnete können die Funktion von Herzschrittmachern und implantierten Defibrillatoren beeinflussen.

Verwenden Sie Magnete nicht an Orten, wo bei Materialversagen Personen zu Schaden kommen können.

Halten Sie Magnete von allen Geräten und Gegenständen fern, die durch starke Magnetfelder beschädigt werden können.

SCHATZSUCHER DISZIPLIN

MAGNET ANGELN

Axel York Thiel von Kracht

Bibliografische Information der Deutschen Nationalbibliothek:

Die Deutsche Nationalbibliothek verzeichnet diese Publikation in der Deutschen Nationalbibliografie; detaillierte bibliografische Daten sind im Internet über http://dnb.d-nb.de abrufbar.

Verlag: **EVZ Verlag**

Umschlaggestaltung und Layout: EVZ Verlag

www.evz-verlag.de

ISBN 978-3-947254-01-9

SCHATZSUCHER DISZIPLIN

MAGNET ANGELN

EINERVONZWÖLF
Verlag

Inhaltsverzeichnis

1. Vorwort

Diese spannende neue Freizeitbeschäftigung findet neben dem Metalldetektor Schwenken - der Schatzsuche, immer mehr Freunde und Anhänger.

Verschiedene Händler bieten im Internet Bergemagnete in unterschiedlichen Stärken zum Magnetangeln an. Es gibt Facebook-Gruppen zum Thema Magnetangeln. Dort werden die unterschiedlichsten geangelte Funde präsentiert und bestimmt.

Dieses Buch wird keine Erklärung geben, wie ein Magnet funktioniert. Das kann jeder - wen es interessiert - bei Wikipedia im Internet nachlesen.

In diesem Buch geht es hauptsächlich um Informationen, Hintergrundwissen und Tipps & Tricks für Anwender. Anfänger und Interessierte finden hier praktische Infos, wie die ersten Würfe mit dem Magneten nicht in einem Unglück enden, sondern Spaß machen und auch tolle Funde bringen.

Dieses Buch beleuchtet die Rechtslage beim Fund von Waffen und Munition und gibt Rat beim Umgang mit Kampfmitteln, wie z.B. Granaten und Bomben.

Tipps auf interessante Fundgebiete und wie man sie findet, runden das Magnetangel-Kompendium ab.

Abbildung 01: Ausrüstung zum Magnetangeln: Bergemagnet, Seil und eine Wasserflasche zur Erfrischung.

2. Die Vorbereitung

Bergemagnete gibt es in verschiedenen Größen und Stärken. Besonders leistungsstark sind sog. Neodym-Magnete.

Diese bestehen aus einer Eisen-Bor-Legierung (Nd2Fe14B) - der Werkstoff, aus dem derzeit die stärksten Dauermagnete hergestellt werden.

Die ungewohnt hohe Stärke dieser Magnete kann allerdings Gefahrensituationen hervorrufen.

Bei größeren NdFeB-Magneten kann es schnell zu Quetschungen, z.B. der Finger oder Hände kommen - mehr dazu im Kapitel 9. Sicherer Umgang mit Bergemagneten - nachzulesen ab Seite 20.

Bei Nichtbeachtung von Sicherheitsabständen zu eisenhaltigen Materialien wie Eisen oder anderen Magneten sollte der Sucher nicht mit seinen Fingern dazwischen kommen.

Achtung: Das ist kein Spaß!

Fast alle Händler für Metalldetektoren haben neben Suchgeräten auch Bergemagnete zum Magnetangeln in ihrem Angebot.

Abbildung 02: Großer Bergemagnet ab ca. 40 Euro mit „geangelter" Münze.

So bietet z.B. www.metallsonde.de Bergemagnete ab 44,95 € für 120 kg Hebekraft, für 69,95 € einen Magneten mit 200 kg Hebekraft und für 109,95 € einen Magneten mit 300 kg Hebekraft an.

Es werden aber im Internet auch Magnete bis zu einer Hebekraft von 600 kg angeboten. Bei der Auswahl sollte allerdings darauf geachtet werden, dass der Bergemagnet nicht zu viel Hebekraft hat.
Sonst könnte der teure Magnet - bei Unachtsamkeit - schon nach kurzer Zeit unter der Eisenbahnbrücke an einem Metallträger festhängen, und von oben nicht mehr erreichbar, für alle Zeiten dort hängen bleiben.

Neben der Wahl des richtigen Magneten und der passenden Zugkraft ist ein möglichst langes und stabiles Seil nötig. Mehr dazu im Kapitel 3. Die richtige Seilauswahl.

Später möchte der erfolgreiche Schatzfischer doch seinen Magneten wieder mit der fetten Beute aus dem Wasser ziehen.

Das Seil sollte je nach Anspruch zwischen 15 m bis 30 m lang sein. Dieses kann der Sucher in jedem Baumarkt günstig (Preis ca. 16 € bis 25 €) einkaufen.

Abbildung 03: Der Autor Axel Thiel von Kracht beim Magnetangeln.

3. Die richtige Seilauswahl

Beim Kauf eines Seils für den Bergemagneten ist einiges zu beachten. Wichtig hierbei sind z.B. die Zugfestig- und Strapazierfähigkeit.

Jeder Baumarkt bietet eine breite Palette an unterschiedlichen Seilen. Ich empfehle für Bergemagnete, ab einer Zugkraft von 160 kg, ein Seil zwischen 6 mm und 8 mm.

Somit liegt es gut in der Hand und man kann auch schwerere Objekte, wie z.B. Fahr- oder Motorräder leichter aus dem Wasser heben oder ziehen.

Dünnere Seile von unter 6 mm Durchmesser schnüren bei einem höheren Zuggewicht die Finger und Hände unangenehm ein.

Es kann sogar zu Verletzungen führen. Der Sucher, der sein 6 mm Seil beim Abwurf durch die Hand laufen lässt, kann, ohne Handschuhe, Verbrennungen durch die Reibung erleiden.

Um die teilweise recht teuren Seile zu schonen, sollte man diese nicht über Beton oder andere scharfen Kanten ziehen, da sich die Seilfasern aufscheuern und das Seil schwächen.

So könnte das Seil beim nächsten randvollen Tresor plötzlich abreißen - und das möchte ja niemand erleben!

Reine Naturseile sind viel aufwendiger zu pflegen - diese sollten z.B. nach jedem Gebrauch getrocknet werden.

Der Magnetangler sollte auch auf Nylonseile aus Polyamid verzichten. Die werden mit der Zeit spröde und brüchig und sind auch nicht UV-beständig.

Abbildung 04: Einige Münzen und eine Uhr. Diese ist zum Glück bis 200 m wasserdicht.

Ich selbst benutze eine Polypropylenflechtleine. Da kosten 30 Meter Seil im Baumarkt nur ca. 16 Euro. Dieses Seil ist leichter und schwimmt auf der Wasseroberfläche.

Damit das Seil nicht plötzlich zerreißt, sollte es mindestens immer die doppelte Zugfestigkeit haben als der Magnet an Haftkraft besitzt. Beim Kauf also immer darauf achten!

Tipp für Anfänger:
Kauft im Baumarkt gleich noch einen Karabinerhaken aus Edelstahl dazu. Am besten einen mit Verschraubung. So lassen sich ganz einfach verschiedene Magnete am gleichen Seil festmachen.

4. Die Wahl der richtige Lokation

Bei der Auswahl des Gewässers sollte der Sucher vorab nach vergangenen Ereignissen recherchieren.

Gab es vielleicht eine alte Brücke oder einen Weg in der Nähe? Gibt es vielleicht seit Jahren ein großes Fest am Ufer? Das steigert die Fundwahrscheinlichkeit!

Abbildung 05: Blick auf die Nidda in Frankfurt am Main.

Bei uns in der Umgebung gibt es einen kleinen Fluss, in dem bei der jährlichen Säuberung immer wieder Fahrräder und aufgebrochene Tresore, Schließfächer und Safes gefunden werden.

Aber auch die Suche in Angel- oder Fischteichen können sich lohnen. Wurden doch in der Vergangenheit von der Bevölkerung oft verschiedene unbequeme Objekte (z.B. Objekte aus dem „Dritten Reich") versenkt?

Abbildung 06: Ein frisch „geangeltes" Beil.

So entsorgten viele Bürger, z.B. nach dem Zweiten Weltkrieg, ihre Abzeichen, Orden, Waffen und Munition auf diese Weise.

Deshalb sollte immer besondere Vorsicht beim Magnetangeln geboten sein, denn manchmal kann auch etwas sehr Explosives am Magneten hängen bleiben. Dann sollte man den Fund sofort der Polizei oder dem Kampfmittelräumdienst (KMRD) melden. Dazu aber später mehr.

Abbildung 07: Ein aufgebrochener Wandsafe oder kleiner Tresor.

Abbildung 08: Beim genaueren Nachsehen ist er leider leer...

5. Die Praxis

Wir waren mit zwei Magneten am Start. Einem sehr günstigen Neodym-Magnet für 5 € von Ebay und einem Bergemagnet mit 160 kg Hebekraft vom Magnet-Händler für ca. 30 €.

Die Hebekraft von 160 kg reichte immerhin, um zwei Fahrräder oder ein Motorrad zur gleichen Zeit aus dem Fluss zu ziehen.

Abbildung 09: Diese 293 Münzen lagen alle an nur einer Stelle im Fluß.

So konnte der Spaß beginnen. Zuerst mussten wir aber den Zugang zur gut versteckten Eisenbahnbrücke finden. Dazu fuhren wir zwei Mal um den Block, bis wir einen Parkplatz fanden.

Nach kurzem Fußmarsch standen wir dann auf der Brücke. Schon ein komisches Gefühl, wenn alle zehn Minuten eine Eisenbahn nur einen halben Meter hinter dem Rücken vorbei donnert und die Brücke zum Schwanken bringt.
Aber egal - alles für den guten Fund!

Mit lautem Klatschen tauchten die Magnete ins Wasser. Gleich beim ersten Wurf hatte ich schon etwas Großes am Magneten hängen! Langsam und vorsichtig zog ich das verschlammte Etwas aus dem Wasser. Doch der Traum vom Gold schwand dahin.

Ich hatte eine massive Zimmermannsklammer aus dem Wasser gezogen. Naja, noch kein richtiger Schatz, aber für den Anfang nicht schlecht, dachte ich mir.

Wie man auf den Fotos unschwer erkennen kann, zogen wir beide noch einige andere rostige Eisenteile aus dem Wasser.

Immerhin taten wir etwas für den Umwelt- und Wasserschutz, denn der Müll wurde anschließend von uns entsorgt.

Als Highlights fischten wir einen schönen Messergriff aus Silber, ein wenig Munition (nicht scharf!) und einen Beilkopf mit etwas Holz (aus dem Baumarkt).

Abbildung 10: Den Eisenschrott sollte man in einer Mülltonne entsorgen.

Leider war der Safe, der Grund, warum ich einen Magnet gekauft habe, leer. Das nächste Mal sollte er nur noch voller Münzen, Gold, Silber, Schmuck und Juwelen sein.

Abbildung 10: Ösenmagnet Ø 75 mm

Technische Daten	
Gesamtdurchmesser D:	75 mm
Beschichtung:	Zink
Temperatur max.:	80 °C
Magnetisierungsgüte:	N35
Teller Höhe h1:	18 mm
Material:	Neodym
Durchmesser Hals d6:	17 mm
Haken/Öse innen d7:	14 mm
Gewinde m:	M10
Gewicht:	0,56 kg
Gesamthöhe H:	84 mm
Haftkraft:	160 kg

6. Die ersten Wasserfunde

Wir hatten auf jeden Fall viel Spaß, und auch die neugierigen Fußgänger und Radfahrer, die stoppten und uns befragten, waren alle begeistert von unserer Umweltschutzaktion.

Tipp:
Wenn man sich nett mit den Zuschauern unterhält, kann man oft auch wertvolle Tipps für neue Fundgebiete bekommen.

Da gibt es z.B. den Einheimischen, der noch ganz genau weiß, wo die Anwohner nach dem Ende des Zweiten Weltkrieges ihre ganzen Waffen, Orden usw. in den Fluss geworfen haben.

Auch Zeitungen und Magazine können wertvolle Hilfe beim Suchen nach einem guten Platz zum Magnetangeln sein. Eine Reportage über einen Angelverein, der jedes Jahr einen kleinen Fluss nach Müll absucht und tolle Dinge aus dem Matsch zieht. Das alles können lukrative Tipps auf den guten Fund sein.

Abbildung 11: Fundzustand der 293 Münzen.

7. Magnetangeln-Tipps

Sollte die Zugkraft eines Magneten nicht ausreichen, um einen schweren Fund zu bergen (z.B. ein Safe oder Tresor), kann die Zugkraft durch die Verwendung von zwei Magneten erhöht werden.

Tief im Schlamm feststeckende Objekt können durch mehrere leichte und kurze Zugbewegungen am Seil gelockert werden. Der Schlamm fällt ab und gibt das Objekt langsam frei. Oftmals zeigt sich die Befreiung vom Schlamm durch Luftblasen, die zur Oberfläche steigen.

Abbildung 12: Ein geangeltes Fahrrad von Callabike.

Alte Brücken sind ein lohnendes Ziel, da im Laufe der Zeit immer wieder Dinge ins Wasser gefallen sind.

Mit Hilfe von alten Karten oder dem Internet sollte man sich vor der Suche informieren, ob in der Nähe der Brücke alte Hohlwege oder gar Römerstraßen lagen.

Die älteste Römerbrücke (auch Alte Moselbrücke genannt), die über die Mosel in Trier (Augusta Treverorum) führt, existiert seit dem Jahr 18 v. Chr.

Abbildung 13: Altes Brückenschild, welches auf die Erbauung im Jahr 1827 hinweist.

Obwohl an der Trierer Römerbrücke bereits Hunderttausende antike Römermünzen geborgen wurden, sind Experten überzeugt, dass im Fluss unterhalb der Römerbrücke noch weitere römische Münzen - vielleicht Millionen liegen.

Dass unter den Römerbrücken so viele Münzen liegen, hat einen guten Grund: Glaubten doch die Römer, dass in den Fluten verschiedene Flussgötter lebten. Im Rhein zum Beispiel lebte demnach Rhenus, in der Mosel Mosella.

Um die Flussgötter zu besänftigen und um bessere Chancen auf eine gesunde Rückkehr zu haben, opferten die Römer eine Münze, wenn sie die Stadt verließen.

Ein Ritual, das auch für Kelten und Germanen offensichtlich wichtig war.

So ist für die Germanen die Verehrung von Flussgöttern ebenfalls überliefert. So brachten die Alamannen den Flussgöttern neben Menschenopfer auch Schmuck und Münzen dar.

Aber auch neuzeitliche Funde können das Herz des Magnetanglers mit Freude füllen.

Unter Brücken in großen Städten oder an stark befahrenen Straßen wurde oft Diebesgut entsorgt. Fällt es Einbrechern leicht, das Bargeld zu verwerten, kann der Umtausch von Schmuck in Geld zum Problem für sie werden.

Abbildung 14: Sehr großer Schäkelhaken.

Aus diesem Grund verzichteten Einbrecher immer wieder auf dieses Risiko und entsorgten den Schmuck im Wasser.

Manchmal warfen sie den Tresor und das Einbruchswerkzeug gleich mit in das Wasser.

Um die Fundchance zu steigern, sollte der erfolgreiche Magnetangler bedenken, dass die Diebe die Tresore nicht über viele Kilometer an das Wasser herangetragen haben.

Dazu waren die Tresore zu schwer und die Möglichkeit, beim Entsorgen gesehen zu werden, zu groß.

Auch Waffen aus Überfällen, oder nach der gesetzlichen Verschärfung des Waffenrechts, wurden auf diese Weise schnell und einfach entsorgt.

Dass man diese Dinge nicht einfach behalten darf, hatte ich ja schon geschrieben.
Sollte man es trotzdem tun und dabei erwischt werden, kann das viel Ärger geben!

Abbildung 15: Fette Beute am Magneten!

8. Pflege der Magneten

Die meisten Bergemagnete sind in einem verzinkten, vernickelten oder verchromten Gehäuse oder in einer Stahlummantelung eingefasst.

Das soll den Magneten schützen und verhindern, dass Stücke abbrechen, wenn der Magnet z.B. auf den Boden fällt oder gegen das Brückengeländer schlägt.

Nach dem Einkauf sehen alle Bergungsmagneten noch neu aus, doch nach längerem Einsatz bekommt der Magnet auch schon die ersten Macken.

Durch die Kratzer hat der Rost eine Chance und setzt sich auf dem Magneten und dem Schutzgehäuse ab.

Die Idee, die Magnetflächen extra zu lackieren, kann man getrost vergessen, denn der Lack kratzt sich beim Gebrauch automatisch wieder ab - der gewünschte Schutz geht somit schnell wieder verloren.

Der beste und praktischste Schutz für den Bergemagnet wäre, ihn nach jedem Einsatz mit ein wenig Pflanzenöl (Mineralöle sind schlecht für die Umwelt und das Wasser !) einzuschmieren. Danach einfach mit einem Lappen abwischen. Dies sollte auch auf jeden Fall vor einem längeren Nichtgebrauch, wie z.B. in der Winterzeit, geschehen.

Bei dieser Gelegenheit sollte man auch gleich die Festigkeit der Schraube und die Seilknoten prüfen.

Unliebsamen Beifang wie Eisenreste lassen sich mit einem hölzernen Bratenwender leicht von der magnetischen Fläche abkratzen. Vorsicht ist geboten bei rostigen Nadeln und Angelhaken!

Restliche Eisenpartikel lassen sich auch mit einem Papiertuch abwischen. Der Bergungsmagnet sollte auch beim Magnetangeln nach jedem Einholen gereinigt werden, da diese Eisenpartikel die Haftfläche verkleinern und Objekte dadurch wieder leichter abfallen.

Manche Bergemagnete verfügen über mehrere Gewindebohrungen für die Ringschraube.

Die noch offenen Bohrungen sollten mit einer passenden Madenschraube verschlossen werden. Ansonsten können sich Eisenpartikel und Schmutz in den Bohrungen festsetzen.

Damit sich die Ringschraube, an der das Seil festgemacht ist, nicht lösen kann, sollte sie mit etwas Metallklebstoff eingeklebt werden.

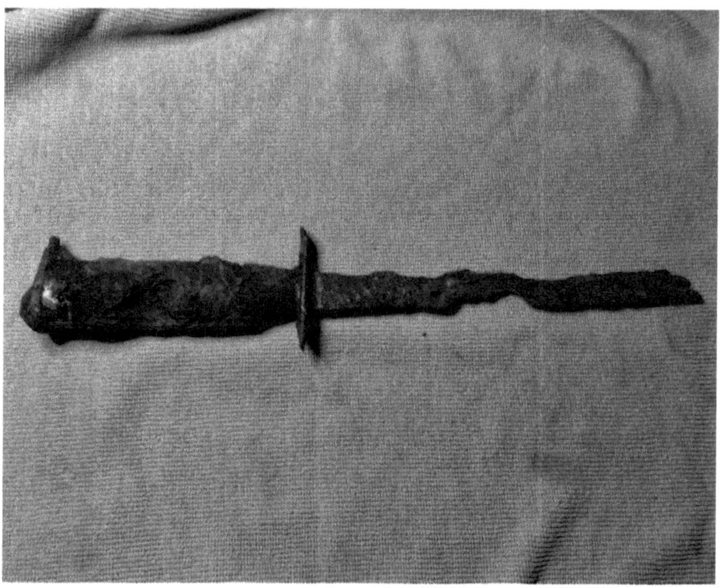

Abbildung 16: Stark verrostetes Bajonett - vermutlich von einem K98k.

Trotzdem sollte man regelmäßig überprüfen, ob die Ringschraube noch fest sitzt!

Wer möchte, kann die Madenschrauben und das Gewinde noch zusätzlich einfetten, da diese Madenschrauben sonst in den Gewindebohrungen festrosten können.

Ein Tipp für Magnetangler:
Wer sehr schwere Bergemagnete mit Ringschraube und/oder Ringmutter benutzt, sollten seine gegossene Ringschraube oder Ringmutter, wenn möglich, gegen eine geschmiedete Version austauschen.

Abbildung 17: Gefährliches Angelgut: Eine scharfe Werfergranate aus dem Weltkrieg.

Geschmiedete Ringschrauben oder Ringmuttern sind zwar um einiges teurer, aber auch viel stabiler und haltbarer.

Gegossene Ringschrauben oder Ringmuttern erkennt man an der feinen Gussnaht an der Seite. Sie haben auch einen matten Glanz.

Geschmiedete Ringschrauben oder Ringmuttern hingegen haben überhaupt keine Naht und glänzen poliert.

Gussteile brechen bei Überbeanspruchung eher als Geschmiedete.

Abbildung 18: Ringschraube aus dem Baumarkt.

9. Sicherer Umgang mit Bergemagneten

Diese Magnete sind kein Kinderspielzeug. Sehr schnell kann Unachtsamkeit zu schweren Verletzungen führen. Daher sollte man immer sehr vorsichtig beim Umgang mit den Magneten sein.

Bergemagnete sind generell nicht Genehmigungspflichtig, allerdings handelt man immer auf eigenes Risiko.

Abbildung 19: Ein Martini-Henry-Gewehr.

Der Magnetangler sollte nicht in Naturschutzgebieten angeln. Wer in Privatgewässern, wie Angelteichen, angelt sollte vorher den Eigentümer um Erlaubnis fragen.

Magnetangeln ist natürlich auch Gewässer- und Umweltschutz. Eisenschrott sollte in Müllcontainern beseitigt werden. Ansonsten kann man sich auch einen Müllsack oder einen Plastikeimer mitnehmen. Eisenschrott ist im Übrigen auch ein wichtiger Rohstoff und kann auch an Schrotthändler abgegeben oder sogar verkauft werden. Um Ärger zu vermeiden, sollte man auf jeden Fall die abgesuchten Stellen wieder sauber und ordentlich hinter lassen.

Neugierige Zuschauer sind beim Magnetangeln generell nicht zu vermeiden, deshalb ist unbedingt darauf zu achten, dass beim Abwurf des Magneten keine Personen hinter einem stehen und einen Sicherheitsabstand wahren. Auch auf das Seil muss der Magnetangler achten - schnell kann ein Radfahrer sich darin verfangen und stürzen.

Der Magnetangler sollte auch auf den Bootsverkehr achten. Es ist wichtig, auf Schlauchboote, Kanus und Wassersportler Rücksicht zu nehmen.

Bei Sachbeschädigung oder einer Körperverletzung durch den Magneten haftet der Eigentümer des Magneten.

Der Kontakt des Magneten mit Booten oder anderen Wasserfahrzeugen ist am besten zu vermeiden, dies nennt sich sonst Eingriff in den Schiffsverkehr und kann von der Wasserschutzpolizei mit Bußgeld geahndet werden.

Zu empfehlen sind Bergemagnete ab einer Haftkraft auf voller Fläche von 160 kg bis 450 kg. Für welche Haftkraft man sich entscheidet, bleibt aber jedem selbst überlassen. Ich persönlich komme mit einem 160 kg Magneten gut klar.

Dieser Magnet zieht zwei Fahrräder oder ein Motorrad auf einmal aus dem Wasser. Um einen Tresor auf eine Brücke zu ziehen haben wir einen zweiten 160 kg Magneten angeheftet.

Pressemitteilung

POL-F: 170528 - 566
Frankfurt-Heddernheim:
Granate aus der Nidda geangelt

2017-05-28 10:37:47

Frankfurt (ots) - (ne) Ein 48-jähriger „Angler" hatte am Freitagnachmittag eine Wurfgranate aus der Nidda im Bereich der Niddabrücke (Heddernheimer Landstraße) herausgeholt.

Aus purer Neugier hatte der 48-Jährige einen Magneten von der Brücke ins Wasser gehalten. Plötzlich hatte er eine stark verwitterte Granate „am Haken", die er auf eine Mauer am Ufer ablegte. Nachdem der Mann die Polizei verständigt hatte, musste der Bereich bis zum Eintreffen des Kampfmittelräumdienstes abgesperrt werden.

Letztlich bestätigte sich die Vermutung der Beamten, dass es sich bei dem Kampfmittel um eine Wurfgranate aus dem zweiten Weltkrieg handelt. Nach dem Abtransport der Granate konnte die Sperrung, durch die es zu geringen Einschränkungen im Fahrzeugverkehr kam, wieder aufgehoben werden.

Rückfragen bitte an:

Polizeipräsidium Frankfurt am Main
P r e s s e s t e l l e
Adickesallee 70
60322 Frankfurt am Main
Telefon: 069/ 755-00
Direkte Erreichbarkeit von Mo. - Fr.: 07:30 Uhr bis 17:00 Uhr
Telefon: 069 / 755-82110 (CvD)
Fax: 069 / 755-82009
E-Mail: pressestelle.ppffm@polizei.hessen.de
Homepage Polizeipräsidium Ffm.: http://www.polizei.hessen.de/ppffm

Abbildung 20: Pressemitteilung der Polizei über den Granatenfund des Buchautors.

http://www.presseportal.de/print/3646146-print.html?type=polizei

Von übermächtiger Haftkraft möchte ich abraten - denn damit steigen auch die Risiken. Schnell bleibt man an einem Stahlträger der Brücke hängen und hat dann schon große Probleme den Magneten wieder zu lösen.

Auch die Verletzungsgefahr steigt mit der Haftkraft! Bergemagnete gehören nicht in die Hände von Kindern!

Wer nur auf der Suche nach kleinen Objekten, wie z.B. Münzen ist, kann dazu auch einen Topfmagnet benutzen. Eine Haftkraft von 150 kg bis 200 kg ist dazu völlig ausreichend.

Abbildung 21: Die geangelte Werfergranate aus der Nidda. Natürlich sollte man diese nicht in die Hand nehmen.

Den Magneten kann man am besten abhebeln mit einem großen Schlitzschraubendreher. Zusätzlich Holzkeile darunter klemmen, damit der Magnet den Kontakt zu Eisenplatte verliert. ***Vorsicht ist geboten, man kann sich dabei die Finger quetschen!***

In den meisten Fällen kann man den Magneten von seiner Beute seitlich abziehen. Mit einem Plastikspachtel - gibt es z.B. für nur 0,43 Euro im Lackcenter Berlin (www.lackcenter-berlin.de)- lassen sich anhaftende kleine Eisenteile und Schmutz einfach abstreifen.

Abbildung 22: Plastikspachtel zum Backen.

Zum Transport von Bergemagneten im Auto empfehle ich diese in ein altes Handtuch zu wickeln und in einem Plastikeimer zu legen, zusammen mit dem Seil, so bleibt alles immer einsatzbereit und kann nicht an der Autokarosserie kleben bleiben.

Beim Auswerfen des Magneten sollte man nicht auf das Seil treten, da der Magnet dann unkontrolliert ausschlagen, jemanden verletzen, oder gar an der Brücke hängen bleiben kann.

Sollten am Magneten Granaten, Bomben oder Minen haften bleiben, sollte man sie nicht selbst entfernen. Am Besten die örtliche Polizei unter der Telefonnummer: 110 verständigen, diese leitet alles weitere ein.

Scharfe Waffen, scharfe Munition und Tresore sollten bei der Polizei gemeldet werden. Man sollte aber bedenken, dass man an der Fundstelle erst mal nicht weiter „angeln" kann, da die Polizei oder der Kampfmittelräumdienst die Umgebung großräumig absperren könnte.

Angst davor zu haben, dass die Polizei oder der KMRD später eine Rechnung für den Einsatz zuschickt, braucht man nicht zu haben. Ich habe noch niemals etwas davon gehört. Sollte es doch mal so sein, bitte bei mir melden unter: info@dsu-online.de

Ich finde es persönlich wichtig, dass gefährliche Kampfmittel von Profis geräumt und nicht wieder zurück ins Wasser oder in die nächste Hecke geworfen werden. Spielende Kinder könnten diese Kampfmittel finden und sich schwer verletzen oder gar getötet werden.

Alte stark verrostete Fahrräder oder Geldkassetten können getrost verschrottet werden. Die meisten Fälle sind inzwischen verjährt - eine Zuordnung ist dann leider nicht mehr möglich.

Verlorene Sachen, die einen Wert von 10 € übersteigen, sind beim Fundbüro zu hinterlegen. Rechtlich besteht zwischen Verlierer und Finder ein gesetzliches Schuldverhältnis.

Der Finder oder Magnetangler ist verpflichtet, den Fund dem eigentlichen Besitzer anzuzeigen und abzuliefern.

Ist dem Finder der Eigentümer nicht bekannt, muss er seinen Fund unverzüglich der zuständigen Behörde (Gemeinde oder Polizei) melden.

Dort wird der Gegenstand dann auch hinterlegt oder es wird notiert, dass er sich in seinem Besitz befindet.

Das Finden von Dingen mit einer Wert von über 10 € ist gesetzlich im Fundrecht §§ 965-984 Bürgerliches Gesetzbuch BGB geregelt.

Bei Münzen zählt nicht der Gesamtwert der Münzen, sondern der Wert einer einzelnen Münze.

Auch ist an den Finder in manchen Fällen ein Finderlohn zu bezahlen. Dieser ist im übrigen steuerfrei!

Wer sich genauer über das Fundrecht informieren möchte, findet das Gesetz im Internet.

10. Sicherer Umgang mit Kampfmittel

Als Kampfmittel werden die Hinterlassenschaften kriegerischer Auseinandersetzungen bezeichnet.

Beim Auffinden von Granaten, Minen, Bomben und Handgranaten sollte man den anhaftenden Magneten nicht alleine entfernen oder weiter daran hantieren. Viel zu leicht können Zünder in diesen Kampfmitteln eine Explosion auslösen. Das geangelte Objekt besser einfach hängen oder liegen lassen, wo man es gefunden hat.

Die örtliche Polizei unter der Telefonnummer 110 verständigen, die leitet wenn nötig alle weiteren Schritte ein.

Es gibt keine Sicherheit beim Hantieren mit Kampfmitteln, das sollte man den Experten vom KMRD überlassen.

Man hat auch die Möglichkeit, den Kampfmittelräumdienst direkt anzurufen. Hier einige Telefonnummern der KMRD in den Bundesländern:

Kampfmittelbeseitigungsdienst
Baden Württemberg
Telefon: 0711-9-04-0

Sprengkommando
Bayern

- **Oberbayern - München**
  Telefon: 089-3116058
- **Niederbayern-Ingolstadt**
  Telefon: 08407-217
- **Franken-Nürnberg**
  Telefon: 09128-2200

Ermittlung und Bergung von Kampfmitteln
Berlin
Telefon: 030-90139-5476

Kampfmittelbeseitigungsdienst
Brandenburg
Telefon: 033702-214-0

Kampfmittelräumdienst
Bremen
Telefon: 0421-362-12139

Kampfmittelräumdienst
Hamburg
Telefon: 040-42851-4119

LPBK Abteilung 3
Mecklenburg Vorpommern
Telefon: 0385-2070-2102

Kampfmittelbeseitigungsdienst
Niedersachsen

- **Regionaldirektion Hameln-Hannover**
  Telefon: 0511-106-3000
- **Bezirksregierung Hannover**
  Telefon: 0511-1-063001

Kampfmittelräumdienst
Nordrhein-Westfalen

- **Bezirksregierung Arnsberg**
  Telefon: 02931-82-3880
- **Bezirksregierung Düsseldorf**
  Telefon: 0211-475-2159

Kampfmittelräumdienst
Rheinland Pfalz
Telefon: 0681-962-1790

Kampfmittelräumdienst (KMRD)
Hessen
Telefon: 06151-126501

Mdl und Sport Abt. D
Saarland
Telefon: 0681-962-1790

LPD Zentrale Dienste Sachsen
Sachsen
Telefon: 0351-8501-0

Technisches Polizeiamt
Sachsen Anhalt
Telefon: 0391-5075-0

Kampfmittelräumdienst
Schleswig Holstein
Telefon: 04340-4049-49

Kampfmittelräumung
Thüringen
Telefon: 0361-6539680

Vor der Suche sollte man sich informieren, welcher Kampfmittelbeseitigungsdienst für das Bundesland zuständig ist. Die richtige Telefonnummer kann für den Notfall gleich im Handy gespeichert werden.

Fragt nach, wenn ihr nicht sicher seid, was da am Magneten hängt!

Auf großen Rostklumpen welche man nicht genau identifizieren kann, sollte man nicht so einfach herum hämmern! Einfach jemanden fragen, der sich damit auskennt und auf jeden Fall nicht mit nach Hause nehmen!

Abbildung 23: 2 cm Flak-Munition.

Sicherlich wird jetzt der ein oder andere Besserwisser sagen: „Das Ding ist doch gar nicht so gefährlich", „Das lässt sich ganz einfach selbst entschärfen", oder „Das ist doch nur ein Traktorteil".

Ihr solltet auf gar keinen Fall irgendwelche Experimente mit Kampfmitteln machen. Bei allem, was gefährlich aussieht, wählte auf Eurem Handy die 110.

Lieber einmal zu viel angerufen und später erfahren, dass es nur ein Ölfilter eines Autos war, als eine scharfe Mörsergranate, aus Versehen, mit nach Hause genommen.

Das Gleiche gilt natürlich auch bei der Schatzsuche mit einem Metalldetektor! Kampfmittel sollten immer gemeldet werden - auch wenn die Amtsarchäologen später Stress machen (Wegen der Suche im „ungestörten Waldboden" o.ä.).

Die Sicherheit und Gesundheit geht immer vor!

11. Munition und Schusswaffen

Wenn man beim Magnetangeln scharfe Waffen und/oder scharfe Munition findet - was relativ häufig passieren kann - kann man diese nicht einfach behalten, denn sind polizeilich meldepflichtig.

Abbildung 24: Messergriff, 2cm Flak- und K98-Munition.

Natürlich kann man vor Ort für sich selbst ein paar Fotos machen - Waffen und Munition sollte man aber vor Ort belassen.

Selbst zum Transportieren von scharfen Waffen und von Munition braucht man eine gesetzliche Waffenbesitzkarte.

Also nicht einfach alles ins Auto legen und ab damit nach Hause - oder noch blöder, ein Foto davon ins Internet stellen!

Das Ganze ist nämlich strafbar und könnte eine Menge Ärger bringen. Man sollte bedenken, dass - ohne Vorstrafe - bei illegalem Waffenbesitz eine Strafe ab ca. 1.000 € zu erwarten ist.

Natürlich plus Anwalts- und Gerichtskosten!

Sollte man sogar eine Kriegswaffe, wie z.B. ein verrostetes K98k (Karabiner 98 kurz) mit nach Hause nehmen, und dabei erwischt werden, kommt eine Strafe ab ca. 2.500 € zusammen.

Nur leere Munitionshülsen, mit abgeschossenem Zündhütchen und ohne Projektil, kann man unbedenklich mit nach Hause nehmen.
Beim Fund von scharfen Waffen sollte man äußerst vorsichtig sein. Oftmals kann man der Waffe von außen nicht ansehen, ob sich da nicht doch noch eine geladene scharfe Patrone im Lauf befindet.

Eine unvorsichtige Bewegung könnte einen tödlichen Schuss auslösen. Besser ist es da einfach, die 110 zu wählen und den Fund zu melden. Manchmal waren die gefundenen Waffen vielleicht auch Teil einer Straftat und man kann durch die Meldung bei der Polizei einen wichtigen Beitrag zur Aufklärung eines noch unaufgeklärten Verbrechens leisten?

Also alle Waffen und Munition bis zum Eintreffen der Polizei lieber liegen lassen. Schreckschusswaffen (SSW), wie Gaspistolen, darf man natürlich mit nach Hause nehmen - allerdings nur, wenn man einen „Kleinen Waffenschein" besitzt.

Der „Kleine Waffenschein" ist in Deutschland ein Waffenschein gemäß § 10 Abs. 4 Satz 4 WaffG, der den Inhaber zum Führen (Ausübung der tatsächlichen Gewalt über eine erlaubnisfreie Waffe außerhalb der eigenen Wohnung, Geschäftsräume oder umfriedeten Besitztums) von Signal-, Reizstoff- und Schreckschusswaffen berechtigt.

Sollte man keinen „Kleinen Waffenschein" besitzen, sollten beim Transport einige Dinge beachtent werden:
Beim Transport muss die SSW in einem abgeschlossenen Behältnis liegen und direkt von Fundort nach Hause gebracht werden.

Die SSW muss in einen Koffer oder eine Tasche gelegt werden - dieser/ diese muss verschlossen sein.

Laut Aussage der Polizei darf man nicht mit „einem Griff" an die SSW gelangen. Also würde - rein theoretisch - auch z.B. eine zugeknotete Plastiktüte als Transportbehälter ausreichen - wenn man nichts anderes zur Hand hat.

12. Magnetangeln bei Niedrigwasser

Anfang des Jahres 2017 stand das Niedrigwasser im Rhein so tief wie selten. Die Autofähren mussten ihren Betrieb einstellen, der Schiffsverkehr wurde stark beeinträchtigt.

Riesige Kiesbänke tauchten aus den Wasserfluten auf und die Wasserkraftwerke arbeiten nur noch mit halber Kraft.
Viele Neugierige liefen auf den Kiesbänken und suchten nach angeschwemmten und versunkenen Objekten.

Abbildung 25: Der Rhein bei Worms mit Niedrigwasser.

Aufgrund des großem Menschenauflaufes hatten clevere Geschäftemacher sogar einen Wagen, aus dem man Glühwein verkaufte, aufgebaut.

Auch wir wollten unser Glück versuchen und machten uns mit unseren Bergemagneten auf den Weg zum Rhein. Wir hofften, dass uns Rhenus Pater wohlgesonnen - unsere Funde dadurch großartig sein würden.

Durch den niedrigen Wasserstand tauchten am Ufer große Steine auf. Wir mussten sehr aufpassen, dass unsere Magnete nicht in den Spalten hängen blieben. Doch die Mühen lohnten sich.

Abbildung 26: Eine schöne Angelstelle am Rhein in der Nähe von Worms.

Denn schon nach kurzer Zeit zappelte ein weißes Smartphone am Magneten. Offensichtlich wurde das Handy der Marke mobistel Model Cynuns E5 im Rhein entsorgt.
Währe es aus Versehen ins Wasser gefallen, hätte man vorher nicht die SIM-Karte entnommen. Auch wenn das Handy nicht mehr funktionierte, war das ein guter Start.

Abbildungen 27: Geangeltes Smartphone.

Als nächste Lokation wählten wir einen Altarm des Rheins. Wie man auf den Fotos sehen kann, waren diese kaum mit Wasser gefüllt.

Leider blieb nur Eisenschrott, wie z.B. alte Verkehrsschilder, am Magneten hängen - da hätten wir doch etwas mehr erwartet.

Abbildungen 28: Rhein-Altarme bei Niedrigwasser.

Abbildung 29: Eisenbahnbrücke (Rhein)

Gleich die nächste Brücke brachte einige bessere Funde. Zwar angelten wir anfänglich wieder etwas Hightech, als wir einen alten Smartphone-Akku aus den Fluten zogen. Zusätzlich jedoch hingen noch diverse Angelhaken, eine Laufrolle, Stahlkrampen und zwei große Römernägel am Magneten.
Bei der späteren Recherche stellte sich heraus, dass in der Nähe unseres Angelplatzes eine Römerbrücke vermutet wird. Diese Nägel gehörten anscheinend dazu.

Abbildung 30: Geangelte Funde.

Die Brücken der Römer waren Holzbrücken, die auf Pfählen im Wasser standen. Eine für die Römer typische Bauweise war, dass diese Pfähle ein eisenbeschlagenes Fundament besaßen. Von diesen Fundamenten stammen die riesigen Nägel, die man heute noch aus dem Wasser angeln kann.

Trotz der tollen Nägel machten wir uns schon nach kurzer Zeit auf zur nächsten Stelle. Immerhin wollten wir noch mitten im Rhein angeln - und das auf trockenen Füssen!

Also rein in das Auto und auf zur nächsten Stelle.

Abbildungen 31: „Geangelte" Reichsmark. Die Rückseite zeigt den deutschen Wappenadler umgeben vom Schriftzug „Gemeinnutz vor Eigennutz". Darunter befindet sich das Kürzel „F" der Prägestätte zwischen zwei Eichenzweigen.

Abbildung 32: Der Vater Rhein ohne viel Wasser - ein seltener Anblick.

Nur leider waren wir nicht alleine. Unzählige Fußgänger suchten die aufgetauchten Kiesbänke nach mehr oder weniger Wertvollem ab.
Wir waren auf die optische Suche zum Glück nicht angewiesen und warfen die Magnete in das restliche Wasser.

Abbildung 33: Bergemagnet mit Münzen.

Abbildung 34: Armband mit schwarzen Perlen und christlichen Motiven.

Schnell zogen wir die ersten Münzen aus dem Wasser. Leider fingen wir nur verschiedene Cent-Münzen und alte DM-Pfennige.

Goldmünzen sind leider nicht magnetisch - vielleicht könnte mal jemand einen Goldmagneten erfinden! Ich würde einen nehmen...

Naja, zum Schluss angelten wir noch ein schönes Armband und fuhren vergnügt wieder nach Hause.

13. Über den Autor

Der Autor Axel York Thiel von Kracht publiziert mit seinem EVZ Verlag seit dem Jahr 2013 Deutschlands bekanntestes Schatzsucher Magazin, den Butznickel. Thiel von Kracht ist selbst aktiver Schatzsucher und Sondengänger.

Seit vielen Jahren sucht er u.a. mit einer Nachforschungsgenehmigung (NFG) des Landesamts für Denkmalpflege Hessen in amtlichem Auftrag nach Boden- und Kulturdenkmälern.

Nach Einführung des § 25 Schatzregal in das Hessisches Denkmalschutzgesetz (HDSchG) war Thiel von Kracht einer unverhältnismäßigen und böswilligen Verfolgung durch Amtsarchäologen, Staatsanwaltschaft und Beamten des LKA-Hessen ausgesetzt.

Innerhalb von nur 3 Jahren leiteten Amtsarchäologen, in Zusammenarbeit mit dem LKA-Hessen und der Staatsanwaltschaft zehn Ermittlungsverfahren gegen Thiel von Kracht ein.
Alle wurden nach langen aufwendigen und teuren Ermittlungen wieder eingestellt - das Land Hessen zahlte großzügigen Schadensersatz und natürlich die Gerichts- und Anwaltskosten.

Seit der Gründung der Schutzgemeinschaft der Deutschen Sondengänger Union im Jahr 2015 kümmert sich Thiel von Kracht als Präsident um die Belange der Sondengänger und Schatzsucher in Deutschland.
So konnte er mit Hilfe des Frankfurter Anwalts Markus Menzendorff bereits in den ersten Jahren der Sondengänger Union unzähligen Hobbysondlern helfen, die von Amtsarchäologen in verschiedenen Bundesländern verfolgt wurden. Thiel von Kracht konnte durch Musterprozesse und den daraus resultierenden Gerichtsbeschlüssen rechtliche Klarheit für die Sondengänger in Deutschland erreichen.

Vielen Dank für die Aufmerksamkeit und das Interesse am Magnetangeln.
Ich hoffe, dass ich einige Tipps und Anregungen für die erfolgreiche Suche mit dem Bergemagneten geben konnte. Immer Gutfund!
Axel Thiel von Kracht

Deutsche
Sondengänger
Union
SCHUTZGEMEINSCHAFT
DER SONDENGÄNGER
IN DEUTSCHLAND
EX UNITATE VIRES

Als Schutzgemeinschaft der Sondengänger hat sich die DSU zum Ziel gesetzt:

Entkriminalisierung des Hobbies Sondengehen.

Phalanx gegen die Diskriminierung des Hobbies.

Genehmigungsfreie Schatzsuche auf allen land- oder forstwirtschaftlich genutzten (nicht unter Denkmalschutz stehenden) Flächen in Deutschland, Einwilligung der Eigentümer vorausgesetzt.

Repräsentation der gemeinsamen Interessen in der Öffentlichkeit.

Durch Presse- und Lobbyarbeit das Ansehen der deutschen Sondengänger und des Hobbies positiv aufzuwerten.

Die Förderung der Kommunikation der Sondengänger untereinander.

Die Vertretung der Interessen und Ansprüche der Mitglieder gegenüber Denkmalämtern und -behörden.

Aufbau einer fairen Kooperation mit den Denkmalschutzbehörden.

Für die aktive Mitgliedschaft mit Ausweis als Rundum-Sorglos-Paket wird ein monatlicher Mitgliedsbeitrag von 5,00 € erhoben.

Die passive Mitgliedschaft ist für Mitglieder vorgesehen, welche die Umsetzung der Ziele der Deutschen Sondengänger Union unterstützen und fördern wollen. Als fördernde Mitglieder entrichten diese einen ermäßigten Monatsbeitrag von 2,50 €.

Die Beitrittserklärung downloaden unter: www.dsu-online.de oder gleich den Online Mitgliedsantrag ausfüllen.

Wir sind für Euch da!

Deutsche Sodengänger Union
Axel Thiel von Kracht
Eppsteiner Str. 15
61462 Königstein
Email: info@dsu-online.de

Das BUTZNICKEL SCHATZSUCHER MAGAZIN

Deutschlands erstes digitales Magazin für Schatzsuche, Archäologie und Hobbyforscher. Gewidmet all jenen, die sich wie der herausgebende EVZ - Verlag für das wunderbare Mysterium der Schatzsuche interessieren - gemacht von Praktikern. Von wissbegierigen und fundsüchtigen Sondlern mit Interesse für vergangene Kulturen; an Vergessenem, Verschüttetem oder noch Verstecktem.

Von Sondlern, die ständig auf der Suche nach neuen Informationen sind – sei es das Aufstöbern von historischen Dokumenten zur Recherche oder das Ausprobieren von unverzichtbarem Sondelzubehör wie z. B. Metalldetektoren, Pinpointer, Hacken und Spaten.

Von Frauen und Männern, die Ehrfurcht haben vor den von ihnen gehobenen, und manchmal Jahrtausende lang verborgen gebliebenen Artefakten – den geschichtenumwobenen Kostbarkeiten!

Unsere vielartigen Funde – Relikte der Vergangenheit bis hin zum Heute - zeigen es uns wieder auf - das einzig Beständige im Leben ist die Veränderung.

Bestätigt von Gelehrten, gelebt durch jeden von uns, ja fast schon besiegelt durch das Piepen des Detektors. So hat sich jetzt auch der EVZ - Verlag (**www.evz-verlag.de**) auf die Reise in eine neue Zeit begeben.

In eine Zeit, in der nichts zu stagnieren scheint – ermöglicht wohl auch durch eine der größten Neuerungen - dem Internet, und dem noch jüngeren World-Wide-Web.

Eine Zeit, die uns elektrische Schreibmaschinen, einst ganzer Stolz von Autoren, milde belächeln lässt und eine Zeit, in der bereits Grundschüler virtuos mit einer wie gottgegebenen Selbstverständlichkeit ihr IPad oder Tablet benutzen. **Den BUTZNICKEL!** (**www.butznickel.de**) – Erstausgabe mit 10,5 MB - konnte man erstmal im Jahr 2014 Online als Download zum Kampfpreis von 2,99 €, herunterzuladen - für IPad, Kindle, IPhone, Android, Tablet, Mac oder PC etc..

Der EVZ Verlag für digitale Medien präsentiert Fachbücher und Magazine aus unterschiedlichen wissenschaftlichen Disziplinen: **Schatzsuche, Archäologie, Ortungstechnik, Dissertationen, Festschriften, Museumspublikationen, Regionalia / heimatkundliche Forschungen und Forschungsarbeiten.**

Der EVZ Verlag durch Axel Thiel von Kracht gegründet, den er nun, gemeinsam mit seinem Team, zu einem wissenschaftlichen Literatur-Anker im deutschsprachigen Raum kultivieren wird. Bücher und besondere Publikationen auch aus weiteren elementaren Themengebieten (wie z.B. Gesundheit und Finanzen) und das Schatzsucher-Magazin „Butznickel" runden das Angebot ab.

Selbstverständlich ist es uns eine Ehre, wenn wir Ihnen auch mit unseren anderen Werken eine Freude machen. Und natürlich freuen wir uns, Sie auf unserer Homepage wieder begrüßen zu dürfen.

EINERVONZWÖLF
Verlag

Nähere Informationen finden Sie hier:
www.evz-verlag.de und hier:
www.einervonzwoelf.de
www.butznickel.de
www.butznickel.com